Mokie Augustus

Principais atributos e aplicações da 4G

Mokie Augustus

Principais atributos e aplicações da 4G

ScienciaScripts

Imprint

Cover image: www.ingimage.com

This book is a translation from the original published under ISBN 978-3-659-87081-1.

Publisher:
Sciencia Scripts
is a trademark of
Dodo Books Indian Ocean Ltd. and OmniScriptum S.R.L publishing group

120 High Road, East Finchley, London, N2 9ED, United Kingdom
Str. Armeneasca 28/1, office 1, Chisinau MD-2012, Republic of Moldova, Europe
Managing Directors: Ieva Konstantinova, Victoria Ursu
info@omniscriptum.com

Printed at: see last page
ISBN: 978-620-8-50004-7

ÍNDICE DE CONTEÚDOS:

CAPÍTULO 1

INTRODUÇÃO

A tecnologia de comunicações móveis é uma das muitas tecnologias de natureza incremental: oferece espaço para desenvolvimentos incrementais (ou seja, podem ser acrescentadas mais caraterísticas à tecnologia anterior para desenvolver uma tecnologia mais avançada). O avanço é necessário para fazer face ao número crescente de utilizadores de redes móveis, ao nível crescente de tráfego e ao nível crescente de aplicações sofisticadas, mas úteis, em dispositivos móveis. A procura de maior largura de banda, de um tempo de ligação mais rápido e de transferências sem descontinuidades são alguns dos factores que levam à procura de melhores soluções. Várias organizações de normalização têm-se esforçado por trabalhar numa agenda específica, proporcionando um fórum aberto para ideias, contribuições e convergência para especificações técnicas acordadas. A UIT (União Internacional das Telecomunicações), o IEEE (Instituto de Engenheiros Eléctricos e Electrónicos), o 3GPP (Projeto de Parceria da 3.ª Geração), o WWRF (Fórum Mundial de Investigação sobre a Tecnologia sem Fios), etc., realizaram reuniões regulares para abordar estas questões. Estas reuniões contaram, na sua maioria, com a participação dos principais intervenientes do sector. As suas deliberações resultaram no estabelecimento de várias normas para a indústria das telecomunicações, incluindo o quadro sem fios 4G (Quarta Geração).

O termo 4G, que se refere à "Quarta Geração" de normas de comunicação sem fios, centra-se, não numa tecnologia ou norma definida, mas num conjunto (uma integração) de tecnologias e protocolos que se espera venham a proporcionar redes comutadas por pacotes baseadas em IP, abrangentes e seguras, optimizadas para dados [1]. Prevê-se que as redes 4G ofereçam débitos de dados mais elevados: velocidades de dados previstas de 100 Mbps para terminais móveis, como os utilizadores de telemóveis ou de telefones inteligentes, e de 1 Gbps para terminais fixos, como as WLAN (Wireless Local Area Networks). Espera-se também que proporcionem acesso a grandes volumes de informação em qualquer altura e em qualquer lugar. Sendo uma tecnologia ultra-rápida, está a receber cada vez mais atenção. As famílias de normas de comunicação 3G, 2G e 1G são as suas antecessoras.

A estrutura 1G (First Generation) da tecnologia sem fios foi precedida por um sistema de radiotelefonia. A tecnologia sem fios 1G englobava numerosas normas analógicas incompatíveis introduzidas na década de 1980 e continuou até ser substituída pelas tecnologias celulares digitais 2G. A 2G consistiu basicamente numa mudança dos sistemas analógicos então existentes para uma tecnologia de comunicação digital. A terceira geração de comunicações sem fios (3G) surgiu na década de 1990 com o objetivo de eliminar as incompatibilidades anteriores e tornar-se um sistema verdadeiramente global. O sistema 3G proporciona canais de voz de maior qualidade, capacidade de transferir dados vocais e dados não vocais (descarregamento de música, correio eletrónico e mensagens instantâneas) através da mesma rede em simultâneo, bem como capacidades de dados em banda larga, até 2 Mbps. O fornecimento de capacidade de banda larga e o suporte de um maior número de clientes de voz e de dados pelas redes 3G são efectuados a custos incrementais inferiores aos das redes 2G. Os débitos de transferência de dados para as tecnologias 3G são de 2 Mbps para pontos fixos (quando o utilizador está parado) e um mínimo de 384 Kbps quando o utilizador está em movimento. As normas 3G são: WCDMA (Wideband Code Division Multiple Access) e EVDO (EvolutionData Optimized).

No entanto, a procura de velocidades de acesso mais elevadas nas comunicações multimédia na sociedade atual levou à evolução das normas de quarta geração (4G) nas comunicações sem fios. Os desempenhos da 3G não são suficientes para satisfazer a necessidade de futuras aplicações de elevado desempenho, como multimédia, vídeo em movimento total e teleconferência sem fios. Este facto criou a necessidade de uma tecnologia de rede sem fios que alargue as capacidades da 3G. A tecnologia 3G tem algumas limitações que também serviram de motor para a estrutura 4G:

a) Existem várias normas para as 3G, o que dificulta a itinerância e a interoperabilidade entre redes. Isto criou a necessidade de uma infraestrutura que suporte a mobilidade global e a portabilidade dos serviços.
b) O conceito 3G baseia-se, essencialmente, num conceito de área alargada. Esta limitação estabeleceu a necessidade de redes híbridas que utilizem tanto o conceito de LAN sem fios (hot spot) como o conceito de rede de área alargada de células ou estações de base.
c) A necessidade de uma maior largura de banda

d) Os investigadores criaram esquemas de modulação mais eficientes do ponto de vista espetral que não podem ser adaptados às infra-estruturas 3G.

e) É necessário que todas as redes de pacotes digitais que utilizam o IP, na sua totalidade, convirjam com a capacidade de voz e dados.

A infraestrutura 4G oferece débitos de dados mais elevados e permite um modo de comunicação "Always Best Connected": um sistema de comunicação que esboça uma infraestrutura de rede heterogénea que inclui diferentes sistemas de acesso sem fios (por exemplo, GSM (Global System for Mobile)/GPRS (General Packet Radio System), UMTS, DVB-T, HAPS, WLAN) de forma complementar, em que o utilizador, apoiado pelo seu agente pessoal inteligente, desfruta de uma conetividade sem obstáculos e de um acesso omnipresente a aplicações através da combinação mais eficiente do sistema disponível. O objetivo dos sistemas de comunicação sem fios 4G é incorporar e integrar diferentes tecnologias de acesso sem fios e arquitecturas de redes móveis de forma complementar, de modo a obter uma infraestrutura de acesso sem fios sem descontinuidades.

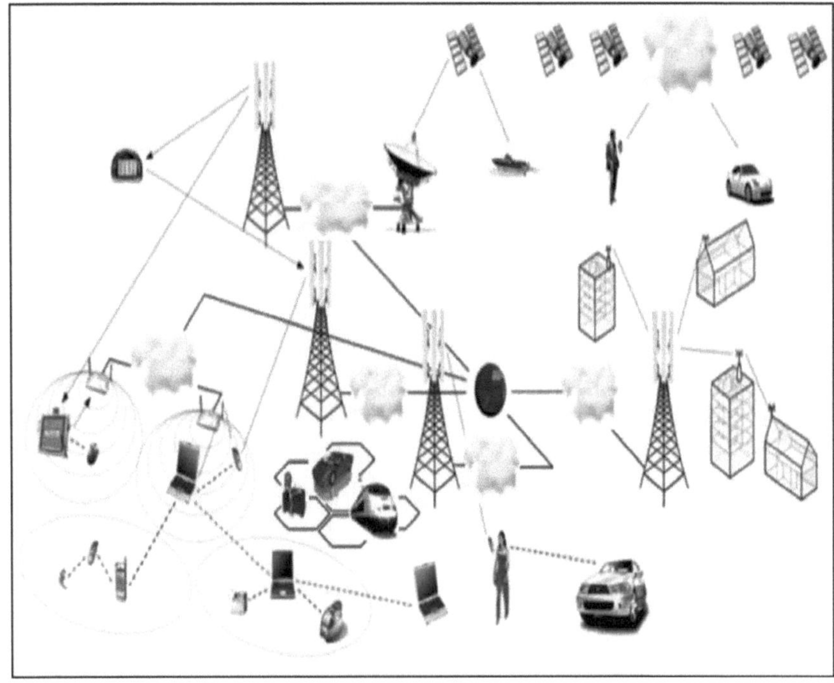

Figura 1: Redes heterogéneas [2]

A infraestrutura 4G pode ser aplicada nos meios educativos? Se nos centrarmos na forma como a estrutura 4G tem impacto nos processos educativos, ficaremos com perguntas relativamente ao que tem para oferecer ao domínio da educação. Poder-se-ia perguntar se existem benefícios educativos que possam ser derivados da norma de comunicação sem fios 4G. Pode ser visto ou considerado como uma das tecnologias educativas? Em termos mais específicos, uma vez que o conceito de mobilidade sem descontinuidades é um fator-chave na tecnologia 4G, a melhor aplicação lógica da infraestrutura nos círculos educativos será na área da aprendizagem móvel. Explorar a correlação entre a infraestrutura 4G e a aprendizagem móvel melhorada, centrando-se na forma como pode ser utilizada para promover o "ensino aberto e à distância", é o objetivo deste estudo.

O ensino aberto e à distância (EAD) tem sido definido de diferentes formas e em diferentes momentos: De acordo com a Commonwealth of Learning (COL), o EAD é um sistema orientado para o aluno que permite uma maior flexibilidade na aprendizagem enquanto os alunos continuam com o seu trabalho regular. A EAD foi criada tendo em conta as limitações físicas impostas pelo modo de ensino tradicional. Nas palavras do antigo Vice-Chanceler da Universidade Nacional Aberta da Nigéria [3], o EAD oferece educação para todos, promove a aprendizagem ao longo da vida e melhora as economias de escala na gestão da educação. Estas definições têm três coisas em comum: flexibilidade, relação custo/eficácia e centrada no aluno. Assim, pode dizer-se que, no seu melhor, o ensino aberto e à distância pode ser definido como um sistema educativo flexível, rentável e centrado no aluno. É centrado no aluno, uma vez que visa dar respostas a questões e problemas académicos dos alunos e não o contrário. [4]

Uma definição de educação aberta e à distância não pode ser demasiado precisa. Seria tão precisa como o próprio conceito de distância ou tão precisa como o conceito de educação pode ser, ambos na esfera da subjetividade. Numa tentativa de definir a educação aberta, Burge [5] afirma que se trata de uma situação em que o aprendente utiliza recursos de uma forma flexível para atingir os seus objectivos. Os recursos aqui podem ser impressos, áudio, baseados em computador; utilizados em casa, num centro de estudos, no local de trabalho, com ou sem a orientação de um tutor ou mentor. Por outro lado, Mujibul [6] considera a educação à distância como situações em que os aprendentes estão fisicamente separados do prestador de ensino e comunicam por escrito (através de cartas, correio eletrónico, fax ou conferência informática), verbalmente (por telefone, áudio, conferência, videoconferência) ou em sessões tutoriais presenciais . A partir das definições anteriores, o ensino aberto e à distância é uma forma de educação e formação em que a utilização de recursos de aprendizagem, em vez da participação em sessões presenciais, é a caraterística central da experiência de aprendizagem. É um domínio da educação que se centra na pedagogia, na tecnologia e na conceção de sistemas de ensino que visam proporcionar educação a estudantes que não se encontram fisicamente "no local", numa sala de aula tradicional ou num campus. É um processo utilizado para criar e proporcionar acesso à aprendizagem quando a fonte de informação e os alunos estão separados pelo tempo e pela distância, ou por ambos. Por outras palavras, o ensino à distância é o processo de criação de uma experiência educativa de igual qualidade para o aprendente, que melhor se adapte às suas necessidades fora da sala de aula. É de notar que existe uma considerável sobreposição entre os dois termos, ensino aberto e ensino à distância, e que são frequentemente utilizados em conjunto para designar toda a gama de abordagens de aprendizagem, tal como acima descrito. Os cursos de ensino aberto e à distância que exigem uma presença física no local por qualquer motivo, incluindo a realização de exames, são considerados um curso de estudo híbrido ou misto e são os mais populares atualmente na Nigéria. [7]

Tendo em conta o conceito de Educação Aberta e à Distância, o facto de que este enfatiza a flexibilidade no processo de aprendizagem e que os estudantes não estão confinados a um local específico (sala de aula ou campus), mas espera-se que utilizem os recursos de aprendizagem multimédia onde quer que estejam, ao seu ritmo e conveniência, uma consideração vital que pode facilitar a rápida realização dos objectivos da metodologia EAD é o esquema de aprendizagem móvel (M-Learning).

A aprendizagem móvel permite o acesso a ambientes e recursos educativos, bem como a interações com outros aprendentes, sem estarem limitados pelo tempo e pelo espaço. A aprendizagem móvel, de acordo com Boyinbode O. K. e Akinyede R. O. [8], é uma combinação de tecnologias móveis e de pedagogia adequada que permite aos aprendentes interagir com ambientes de aprendizagem e com outros aprendentes, em qualquer altura e a partir de qualquer local. A aprendizagem móvel é efetivamente uma subcategoria do conceito mais amplo de e-Learning. Segundo eles, Clark Quinn propôs que a aprendizagem móvel é "a intersecção entre a computação móvel e o e-learning: recursos acessíveis onde quer que se esteja, fortes capacidades de pesquisa, interação rica, apoio poderoso para uma aprendizagem eficaz e avaliação baseada no desempenho - e-learning independente da localização no tempo e no espaço". Assim, definiram o M-learning como a intersecção entre a computação móvel e o e-learning. O e-learning oferece novos métodos de ensino baseados na tecnologia informática da Internet. O M-learning oferece aos estudantes a possibilidade de aprender em qualquer lugar e a qualquer momento, sem ligação física permanente a redes por cabo.

Para realçar as vantagens do M-Learning em relação ao e-Learning, apresenta-se no quadro seguinte uma comparação efectuada por Boyinbode O. K. e Akinyede R. O. [8]:

Tabela 1: Comparação entre M-learning e E-learning

M-learning	**E- Learning**
It can be used everywhere at every time.	It cannot be used everywhere at every time
Most mobile devices have lower prices than Desktop (PCS).	Desktop (PCS) are more expensive than mobile devices.
Mobile devices are smaller in size and lighter in weight than Desktops. Hence they are portable.	Desktops are not portable. They are not easily carried around due to their heavy weight.
M-learning can provide location dependent education using GPRS technology	E-Learning cannot provide location dependent education.
It is flexible to engage by learners on the move.	It is not flexible.

One learner to more than one mobile device.	One learner to one computer.

Fonte-[8]

Ao considerar a implementação da aprendizagem móvel, Attewell [9] sugere cinco grandes categorias de tecnologia que devem ser consideradas, nomeadamente o transporte, a plataforma, a entrega, as tecnologias multimédia e as linguagens de desenvolvimento, como se pode ver na figura abaixo:

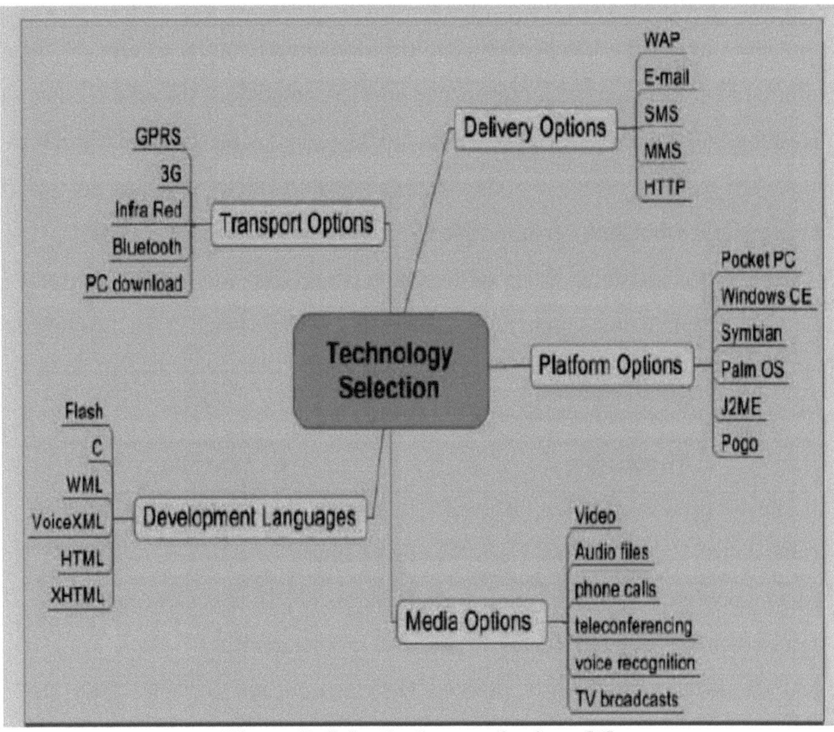

Figura 2: Seleção de tecnologias - [9]

A infraestrutura sem fios 4G, que oferece taxas de dados mais elevadas, maior largura de banda, mobilidade sem descontinuidades, convergência de redes heterogéneas, acesso à informação em qualquer altura e em qualquer lugar e capacidade de receber um grande volume de informação, dados, imagens e vídeos; juntamente com as possibilidades de uma melhor experiência de jogo móvel, repositório pessoal de meios de comunicação social, presença virtual, televisão móvel, vídeos de alta definição, acesso de banda larga em locais remotos, etc., proporciona uma plataforma única e funcionalidades sofisticadas para melhorar as iniciativas de aprendizagem móvel. A infraestrutura 4G, integrada em esquemas de aprendizagem móvel, se aplicada num quadro de ensino aberto e à distância, tem a capacidade de gerar, de forma eficaz e eficiente, a realização rápida e fácil dos objectivos estabelecidos.

1.1 Motivação

Todas as tecnologias emergentes passam por um processo, a saber, a maturidade, a adoção e a aplicação social de tecnologias específicas. O 4G não é uma exceção. Com a invasão óbvia dos sistemas 4G no nosso mundo atual, e considerando as capacidades projectadas; juntamente com o entendimento de que a aprendizagem móvel é o futuro da educação, torna-se imperativo estudar a forma como os sistemas 4G podem ser integrados com aplicações de aprendizagem móvel para promover a realização de objectivos educativos, especialmente nos círculos de aprendizagem aberta e à distância, onde é mais relevante. Além disso, a compreensão de que a ideologia do ensino aberto e à distância não enfatiza o ensino baseado na localização, mas incentiva o estudo em qualquer lugar e a qualquer hora, ao ritmo e conveniência do estudante, com disposições para a mobilidade, é suficiente para estimular cada estudante a procurar explorar a forma como as instalações de aprendizagem móvel podem ser colocadas em plataformas 4G para fornecer ferramentas muito eficazes e eficientes para promover a realização destes objectivos.

1.2 Significado

Apesar da aceitação geral do quadro 4G e das recentes implementações desta infraestrutura, muitos indivíduos ainda desconhecem as tecnologias e as normas subjacentes utilizadas no processo, e muito menos compreendem as vastas possibilidades que oferece num ambiente educativo, especialmente no âmbito do ensino aberto e à distância. O presente estudo luz sobre esses aspectos técnicos subjacentes, resolvendo assim o problema da ignorância por parte dos utilizadores (neste caso, estudantes e tutores) das infra-estruturas de aprendizagem 4G e móvel.

Serve também de guia para as partes interessadas, na implementação das infra-estruturas integradas para fins educativos, na consecução dos objectivos do ensino aberto e à distância. Serve também de referência para as agências reguladoras na verificação das especificações estabelecidas para ambas as infra-estruturas, na medida em que estas desempenham a tarefa de supervisão adequada dos vários processos de implementação. O trabalho procura apresentar sugestões para melhorar ou aperfeiçoar as várias aplicações de 4G integradas com funcionalidades de aprendizagem móvel em ambientes educativos. Como resultado, este trabalho analisa as ideologias contemporâneas relativas à infraestrutura 4G e às capacidades de aprendizagem móvel para fins educativos, como a ideologia do ensino aberto e à distância, e estabelece a necessidade da implementação de ambas as infra-estruturas para fins educativos em instituições de ensino aberto e à distância. Propõe também o quadro arquitetónico para o estabelecimento de sistemas que possam ser facilmente implementados para impulsionar a realização de objectivos educativos.

CAPÍTULO 2

REVISÃO DA LITERATURA

2.1 Principais atributos e aplicações da 4G

Shah, I et al. [10] propuseram que, com base nos requisitos para uma interação sem descontinuidades entre redes, a 4G é caracterizada pelos seguintes atributos-chave Suporte para aplicações e serviços múltiplos e eficientes: O 4G oferece suporte para serviços unicast, multicast e de difusão e para as aplicações que deles dependem. Aplicação imediata de acordos de nível de serviço (SLA), juntamente com privacidade e outras caraterísticas de segurança.

Qualidade do serviço: A aplicação coerente de algoritmos de controlo de admissão e de programação, independentemente da infraestrutura subjacente e da diversidade de operadores, conduz a uma maior qualidade de serviço (QoS) para os utilizadores.

Seleção de deteção de rede: Um terminal móvel que disponha de múltiplas tecnologias de rádio ou que eventualmente utilize rádios definidos por software, se for económico, permite a participação em múltiplas redes em simultâneo, ligando-se assim à melhor rede com os parâmetros de serviço mais adequados (custo, QoS e capacidade, entre outros) para a aplicação.

Transferência sem descontinuidade e continuidade do serviço: Uma estação de base que permite transferências intra e inter-tecnologias, assegurando a continuidade do serviço com uma interrupção nula ou mínima, sem perda percetível da qualidade do serviço.

Segundo Bandi [11], o acesso à informação em qualquer lugar e a qualquer momento, com uma ligação sem descontinuidades a uma vasta gama de informações e serviços, e a receção de um grande volume de informações, dados, imagens, vídeos, etc., são as caraterísticas fundamentais das infra-estruturas 4G. As infra-estruturas 4G consistirão num conjunto de várias redes que utilizam o IP (protocolo Internet) como protocolo comum, de modo a que os utilizadores tenham o controlo, pois poderão escolher cada aplicação

e ambiente. Com base nas tendências de desenvolvimento das comunicações móveis, a tecnologia 4G terá uma largura de banda mais alargada, um débito de dados mais elevado e uma transferência mais suave e mais rápida e centrar-se-á em assegurar um serviço sem descontinuidades numa multiplicidade de sistemas e redes sem fios.

A adaptabilidade das aplicações e o seu elevado dinamismo são as principais caraterísticas dos serviços 4G de interesse para os utilizadores. Estas caraterísticas significam que os serviços podem ser prestados e estar disponíveis de acordo com as preferências pessoais dos diferentes utilizadores e apoiar o tráfego dos utilizadores, as interfaces aéreas, o ambiente de rádio e a qualidade do serviço. A ligação com as aplicações da rede pode ser transferida para várias formas e níveis de forma correta e eficiente. Os métodos dominantes de acesso a este conjunto de informações serão o telemóvel, o PDA e o computador portátil para aceder sem problemas à comunicação vocal, aos serviços de informação de alta velocidade e aos serviços de difusão de entretenimento. A quarta geração englobará todos os sistemas de várias redes, públicas e privadas, redes de banda larga geridas pelos operadores para áreas pessoais e redes ad hoc. [11]

Em resumo, Bandi [11] propôs que as caraterísticas da infraestrutura 4G incluem Suporte de serviços multimédia interactivos, voz, vídeo em fluxo contínuo, Internet e outros serviços de banda larga; sistema móvel baseado no IP; elevado débito, elevada capacidade e baixo custo por bit; acesso global, portabilidade dos serviços e serviços móveis moduláveis; comutação sem descontinuidades e uma variedade de serviços orientados para a qualidade do serviço; melhores técnicas de programação e de controlo da admissão de chamadas; Redes ad-hoc e multi-hop (os rigorosos requisitos de atraso da voz tornam o serviço de rede multi-hop um problema difícil); Melhor eficiência espetral; Rede sem descontinuidades de múltiplos protocolos e interfaces aéreas (uma vez que a 4G será totalmente IP, os sistemas 4G serão compatíveis com todas as tecnologias de rede comuns, incluindo 802.11, WCDMA, Bluetooth e Hyper LAN); e uma infraestrutura para lidar com sistemas 3G pré-existentes juntamente com outras tecnologias sem fios, algumas das quais estão atualmente em desenvolvimento.

2.2 Visão geral da tecnologia 4G

Prateek [1] considerou o conceito 4G como um conjunto de tecnologias e protocolos, e não apenas uma tecnologia ou norma definida, orientado para a criação de redes totalmente comutadas por pacotes e optimizadas para dados. Numa tentativa de enunciar algumas das possibilidades da 4G, foram destacadas as seguintes: Melhoria da experiência de jogo móvel, Repositório Pessoal de Media, Presença Virtual e Acesso de Banda Larga em Locais Remotos. O Comissário levantou a questão da perda de uma compreensão correta da tecnologia 4G devido à falta de clareza e à utilização excessiva do termo. Este facto, sugeriu, pode ser a maior oportunidade para a tecnologia ou pode significar o seu desaparecimento prematuro. Na minha opinião, para evitar os perigos que a perda de significado da tecnologia 4G produz, em investigações como esta, dever-se-ia procurar estabelecer a definição correta do conceito, tal como estipulado pelas agências internacionais de telecomunicações aprovadas pelas Nações Unidas.

Cole [12] defendeu a ideia da tecnologia 4G. Afirmou que as tecnologias pré-4G e 4G, que são claramente as tecnologias da próxima geração, com a sua promessa de maior velocidade e eficiência espetral, são mais apelativas para os actores envolvidos na cadeia de valor das TIC. Segundo ele, o êxito da proposta 4G, apesar de parecer prometedora, depende, em última análise, da disponibilidade de novo espetro e de uma cobertura alargada. No entanto, advertiu que os muitos benefícios da 4G podem ser desperdiçados, a menos que as empresas de TIC encontrem modelos de negócio que as ajudem a aumentar as receitas e também a impulsionar a adoção.

Ibrahim, Jawad [13] delineou aquilo a que chamou "as principais caraterísticas da infraestrutura 4G": acesso à informação em qualquer altura e em qualquer lugar, com conetividade sem descontinuidades, e capacidade de receber um grande volume de informação, dados, imagens e vídeos; afirmando que esta infraestrutura 4G será constituída por várias redes que utilizam protocolos Internet (IP) como protocolo comum, o que coloca o utilizador no controlo. A norma 4G, propôs, terá uma taxa de dados mais elevada, uma largura de banda mais ampla, uma transferência mais suave e mais rápida; e centrar-se-á em assegurar um serviço sem descontinuidades numa multiplicidade de sistemas e redes sem fios. O Comissário deixou claro que a integração das capacidades 4G com todas as tecnologias móveis existentes, através de tecnologias avançadas, é o conceito-chave. Para aqueles que não estão realmente cientes do que é a tecnologia 4G, um olhar sobre as caraterísticas que ele delineou, mais especialmente a taxa de dados mais elevada e o acesso a um grande volume de informações, dados, imagens e vídeos, levantará a questão de que a tecnologia 4G será mais intensiva em termos de capital para os utilizadores finais e os fornecedores de serviços. No entanto, uma análise detalhada revela que estas caraterísticas estarão disponíveis a um custo inferior para o utilizador e a um custo de transmissão inferior para os prestadores de serviços.

Singh [14] referiu que os sistemas 4G e as suas aplicações resultarão num crescimento significativo e em desenvolvimentos nos serviços aos consumidores e nas expectativas das empresas; salientando que a tecnologia dos telemóveis 4G suporta o IPv6 - protocolo Internet versão 6, e proporciona velocidades de comunicação mais rápidas. O mundo é dinâmico. A ideia de velocidades de comunicação mais rápidas, de serviços melhorados para o consumidor e de iniciativas empresariais melhoradas é ideal para a existência humana. [15]

Laxini, V., Aggarwal, M., Batra, N. [16] delinearam alguns dos pré-requisitos para o progresso no sentido da realização dos objectivos de poder comunicar em todo o lado, com toda a gente e em qualquer altura: Digitalização dos sistemas de comunicação, enormes progressos na microeletrónica, na tecnologia informática e de software, invenções de algoritmos e procedimentos eficientes para compressão, segurança e processamento de todos os tipos de sinais e desenvolvimento de protocolos de comunicação flexíveis. Afirmaram ainda que os sistemas 4G irão interoperar com os sistemas 2G e 3G, bem como com os sistemas de radiodifusão digital (banda larga).

2.3 Requisitos da UIT e normas 4G

A Wikipedia [17] propôs que os requisitos IMT-Advanced (International Mobile Telecommunications Advanced) para a norma de comunicação 4G fossem especificados pela União Internacional das Telecomunicações (UIT) em 2009. De acordo com a União, um sistema de comunicação IMT-Advanced deve cumprir os seguintes requisitos

- Baseado numa rede comutada por pacotes totalmente IP
- Débitos de dados de pico até cerca de 100 Mbit/s para uma mobilidade elevada, como o acesso móvel, e até cerca de 1 Gbit/s para uma mobilidade reduzida, como o acesso nómada/local sem fios, de acordo com os requisitos da UIT.
- Partilhar e utilizar dinamicamente os recursos da rede para suportar mais utilizadores simultâneos por célula
- Largura de banda de canal escalável 5-20 MHz, opcionalmente até 40 MHz
- Eficiência espetral máxima da ligação de 15 bits/s/Hz na ligação descendente e de 6,75 bits/s/Hz na ligação ascendente (o que significa que 1 Gbit/s na ligação descendente deverá ser possível numa largura de banda inferior a 67 MHz).
- Eficiência espetral do sistema até 3 bit/s/Hz/célula na ligação descendente e 2,25 bit/s/Hz/célula para utilização em interiores.
- Transferências suaves em redes heterogéneas.
- Capacidade de oferecer uma elevada qualidade de serviço para apoio multimédia da próxima geração.

2.4 Normas sem fios 4G

A Wikipédia [17] afirma que a paisagem 4G é caracterizada pela coexistência de duas normas:

- LTE Advanced, normalizado pelo 3GGP
- WiMAX (802.16) normalizado pelo IEEE.

LTE Advanced: O LTE Advanced (Long-Term-Evolution Advanced) é um candidato à norma IMT-Advanced, formalmente apresentado pela organização 3GGP à UIT-R no outono de 2009, e espera-se que seja lançado em 2012. Trata-se de um melhoramento da atual rede LTE, que mostrou uma velocidade de implementação inicial de até 100 mbps de velocidade de descarregamento e 50 mbps de velocidade de carregamento. O objetivo do LTE Advanced é atingir e ultrapassar os requisitos da UIT. No entanto, a sua versão, que suporta atualmente velocidades de descarregamento até 300 Mbit/s, ainda está aquém das normas IMT-Advanced.

WiMAX Avançado: O WirelessMAN-Advanced ou a evolução do IEEE 802.16m está a ser desenvolvido. O seu objetivo é cumprir os critérios IMT-Advanced. É também uma melhoria da anterior norma WiMAX de acesso móvel sem fios em banda larga (MWBA). Atualmente, as redes celulares utilizam o WiMAX móvel (IEEE 808.16e-2005), que oferece mobilidade total a velocidades de banda larga reais. No entanto, existe uma segunda aplicação do WiMAX: o WiMAX fixo (IEEE 802.16-2004) - aplicação WiMAX fixa para ponto-a-ponto, que permite o fornecimento de acesso de banda larga sem fios de última milha como alternativa ao cabo e à DSL para casas e empresas.

2.5 Uma correlação entre LTE e WiMAX

Tanto a LTE como a WiMAX utilizam o princípio do acesso múltiplo por divisão ortogonal da frequência (OFDMA), que, em termos conceptuais, existe desde a década de 1960. O OFDMA baseia-se na ideia de multiplexagem por divisão de frequências, que é um método para transmitir vários fluxos de dados através de um canal. No caso do OFDMA, um fluxo de dados digitais que precisa de ser transmitido é dividido em várias partes, cada uma das quais é modulada numa portadora separada. Estas subportadoras são combinadas no final. O fator de diferenciação entre LTE e WiMAX reside na forma como lidam com o canal para o processamento de dados. No caso da implementação do WiMAX pela Clearwire, cerca de dois terços do canal são utilizados para descargas, enquanto um terço é utilizado para carregar dados. O LTE divide o canal em duas partes utilizando a multiplexagem por divisão de frequências, pelo que as velocidades de descarregamento e carregamento são mais equilibradas. [15]

2.6 Componentes do quadro 4G

A Wikipédia [17] indica alguns dos principais componentes da infraestrutura 4G: Suporte IPv6, integração de esquemas de acesso e sistemas de antenas adaptáveis. Suporte IPv6: A estrutura 4G baseia-se apenas na comutação de pacotes, ao contrário da 3G, que se baseia em duas infra-estruturas paralelas constituídas por nós de rede comutados por circuitos e por pacotes. A comutação de circuitos refere-se à técnica em que é utilizado um canal dedicado para transmitir e receber voz ou dados. A comutação de pacotes (comunicação de dados por pacotes) refere-se à técnica de sinalização digital em que a informação é convertida em códigos binários e dividida em segmentos curtos. Estes segmentos são depois reunidos na ordem correta e convertidos novamente em informação utilizável no destino. A comutação de pacotes é mais desejável do que a comutação de circuitos. O conceito 4G implica a utilização do Protocolo Internet versão 6 (IPv6) para encaminhar os pacotes de dados para o dispositivo celular. A versão 6 do Protocolo Internet proporciona velocidades de comunicação mais rápidas, maior capacidade e diversos formatos de utilização - formatos que suportam outras redes públicas, como a fibra ótica e as redes locais sem fios. No contexto da 4G, o suporte do IPv6 é essencial para suportar um grande número de dispositivos sem fios. Ao aumentar o número de endereços IP, o IPv6 elimina a necessidade de tradução de endereços de rede (NAT), um método de partilha de um número limitado de endereços entre um grande grupo de dispositivos.

Integração de esquemas de acesso: Dado que a tecnologia de comunicações sem fios continua a sofrer enormes alterações, foram implantadas várias tecnologias de acesso via rádio em todo o mundo. O sistema móvel 4G fornece uma plataforma para a integração de todas estas tecnologias de acesso via rádio numa rede comum denominada plataforma de arquitetura aberta sem fios (OWA). A convergência de comunicações móveis sem fios avançadas e de sistemas de acesso sem fios de alta velocidade numa plataforma OWA, juntamente com a ênfase no aumento da taxa de dados e na nova interface aérea, é o núcleo da tecnologia móvel 4G.

A arquitetura global do 4G tende a integrar, na plataforma OWA, uma vasta gama de sistemas: desde a banda larga por satélite à plataforma de alta altitude, passando pelos sistemas celulares 3G e 3G, até aos sistemas WILL (Wireless Local Loop) e FWA (Fixed Wireless Access), passando pelos sistemas WLAN (Wireless Local Area Network) e PAN (Personal Area Network), todos com o IP como mecanismo integrador. Esta convergência de diferentes sistemas de acesso sem fios de forma complementar proporciona o serviço ABC (Always Best Connected), em que os utilizadores escolhem as melhores redes de acesso disponíveis da forma mais adequada às suas necessidades.

Sistemas de antenas adaptativas: O desempenho das comunicações por rádio em sistemas celulares depende de um sistema de antena, designado por antena inteligente. Para atingir o objetivo dos sistemas 4G, como comunicações de elevado débito, elevada fiabilidade e longo alcance, estão a surgir tecnologias de antenas múltiplas. A tecnologia MIMO (Multiple In Multiple Out), um ramo da antena inteligente que utiliza a multiplexagem espacial - implantação de várias antenas no emissor e nos receptores, de modo a que possam ser transmitidos simultaneamente fluxos independentes a partir de todas as antenas - é uma dessas tecnologias para desenvolver antenas adaptáveis.

2.7 Conceptualização da aprendizagem móvel

De acordo com El-Hussein, M. O. M., & Cronje, J. C. [18], a aprendizagem móvel como atividade educativa só faz sentido quando a tecnologia utilizada é totalmente móvel e quando os utilizadores da tecnologia também são móveis enquanto aprendem. Estas observações sublinham a mobilidade da aprendizagem e o significado da expressão "aprendizagem móvel". Traxler [19] e outros defensores da aprendizagem móvel definem a aprendizagem móvel como dispositivos e tecnologias sem fios e digitais, geralmente produzidos para o público, utilizados por um aprendente enquanto participa no ensino superior. Outros definem e conceptualizam a aprendizagem móvel colocando uma forte ênfase na mobilidade dos aprendentes e na mobilidade da aprendizagem, bem como nas experiências dos aprendentes enquanto aprendem através de dispositivos móveis. Os dois termos em análise neste artigo são, portanto, mobilidade e aprendizagem. Por um lado, "mobilidade" refere-se às capacidades da tecnologia dentro dos contextos físicos e das actividades dos estudantes enquanto participam nas instituições de ensino superior. Por outro lado, refere-se às actividades do processo de aprendizagem, ao comportamento dos alunos quando utilizam a tecnologia para aprender. Refere-se também às atitudes dos estudantes, que são eles próprios altamente móveis, à medida que utilizam a tecnologia móvel para fins de aprendizagem. [18]

"Traxler [19] escreve: "assim, a aprendizagem móvel não tem a ver com 'móvel' ou com 'aprendizagem' como anteriormente entendido, mas faz parte de uma nova conceção móvel da sociedade". A investigação e as reflexões sobre a aprendizagem móvel devem estimular o pensamento e os métodos multidisciplinares e interdisciplinares na educação. Devem facilitar a nossa compreensão de conceitos desactualizados e pressupostos rígidos sobre a aprendizagem e o que esta pode ser numa sociedade que mudou (pelo menos do ponto de vista tecnológico) de forma irreconhecível nas últimas décadas. Neste sentido, é impossível atribuir um significado fixo aos conceitos de aprendizagem móvel. Para compreender plenamente este conceito, é fundamental considerar as relações entre cada uma das palavras utilizadas para descrever o fenómeno da aprendizagem móvel. A utilização desta premissa para compreender a aprendizagem móvel representa um enorme desafio porque existem muitas palavras e termos que têm sido utilizados para definir e explicar a aprendizagem móvel como um fenómeno. Traxler [19] observa que existem algumas definições e entendimentos da educação móvel, que se centram apenas nas tecnologias e no hardware, quer se trate de um dispositivo portátil e móvel, como os assistentes pessoais digitais (PDAs), smartphones ou sem fios. Estas definições prejudicam uma compreensão correta das utilizações da tecnologia móvel na aprendizagem, limitando as suas explicações e descrições à forma física real como a tecnologia funciona. Outras definições colocam mais ênfase naquilo que os aprendentes experienciam quando utilizam as tecnologias móveis na educação, enquanto outras indagam como a aprendizagem móvel pode ser utilizada para dar um contributo único para o avanço da educação e de outras formas de e-learning. A aprendizagem móvel valoriza e defende, à sua maneira, a introdução do que é radicalmente novo nas esferas tecnológica, social e cultural da vida e atividade humanas. Defendemos que os seres humanos são obcecados pelo desejo de mudar, de explorar, de aprender, de conceber e de introduzir o que é absolutamente novo no quadro das convenções e protocolos do passado. A aprendizagem móvel abre as nossas mentes à possibilidade de um paradigma radicalmente novo e encoraja-nos a abandonar os constrangimentos das nossas formas habituais de pensar, aprender, comunicar, conceber e reagir. Este argumento fornece um quadro teórico sólido para compreender como a mobilidade e a aprendizagem são manipuladas nos paradigmas de conceção. No entanto, a visão pedagógica da aprendizagem colaborativa pode ser considerada como o fundamento teórico da perspetiva de conceção e a tecnologia também apoia a visão de conceção do sistema. Depois de os alunos manipularem o sistema de blogue móvel numa atividade de aprendizagem, a utilização da perspetiva colaborativa e tecnológica deve ser observada no processo experimental, o que pode influenciar ainda mais o aspeto da conceção, avaliando o efeito da aprendizagem dos alunos [20]. Traxler [19] adverte novamente que "o papel da teoria é, talvez, um tópico contestado numa comunidade que engloba filiações filosóficas desde empiristas a pós-estruturalistas, cada um com diferentes expectativas sobre o âmbito e a legitimidade de uma teoria no seu trabalho". Se quisermos colocar o fenómeno da aprendizagem móvel no contexto das teorias do design instrucional, temos de "derrubar as paredes para abrir novos espaços" [21]. Isto significa examinar algumas das suposições e pressupostos fundamentais sobre os quais todos os entendimentos anteriores do termo "ensino superior", ou educação pós-escolar, foram construídos. Ao utilizar dispositivos de comunicação móvel para fornecer conteúdos de ensino superior, é provável que reduzamos as paredes físicas da sala de aula e as substituamos por outras barreiras ou restrições virtuais. No entanto, esta ferramenta apoiaria a aprendizagem e a formação just in time no contexto do ensino superior e "os resultados mostraram uma correlação significativa entre o planeamento e a qualidade do modelo, indicando um efeito global positivo para a ferramenta de apoio" [22]. Embora o conteúdo do ensino possa permanecer o mesmo, é ministrado através de uma tecnologia radicalmente nova que combina as vantagens da Internet com a conveniência da portabilidade e do ensino "em qualquer altura e em qualquer lugar". King [21] sublinha o quão radicalmente diferentes são os procedimentos relacionados com a aprendizagem móvel, quando escreve: "ao os pressupostos e o processo por detrás da escrita e da fala, podemos ir para além deles e encontrar novas formas de pensar sobre o mundo". [18]

2.8 Aprendizagem móvel no ensino superior

"Os conceitos mais importantes e sofisticados para a conceção do ensino neste contexto são a identificação da tecnologia, do aluno e do material de aprendizagem, bem como da tecnologia móvel, como os dispositivos portáteis. Também envolve a identificação de aprendentes nómadas e capazes de compreender e interpretar materiais de aprendizagem. Em geral, a aprendizagem móvel - ou m-learning - pode ser vista como qualquer forma de aprendizagem que ocorre quando mediada através de um dispositivo móvel, e uma forma de aprendizagem que estabeleceu a legitimidade dos aprendentes "nómadas" [23]. Estes são os desenvolvimentos que tornaram os dispositivos móveis ferramentas estratégicas com capacidade para ministrar instrução no ensino superior de uma forma que nunca foi prevista quando os primeiros protótipos destes dispositivos foram concebidos e comercializados. Os conceptores podem fornecer produtos de ensino superior bem sucedidos à atual geração de aprendentes, através de uma tecnologia distintamente adaptada aos seus próprios objectivos pessoais (sobretudo sociais). Este facto faz da tecnologia um instrumento particularmente potente para a transmissão e o reforço de conteúdos que, de outro modo, seriam identificados com o "estabelecimento" de ensino superior. Dispositivos "como o telemóvel e os leitores de mp3 cresceram de tal forma nos últimos anos que estão gradualmente a substituir os computadores pessoais no contexto profissional e social moderno" [24]. Modos de comunicação que foram espontaneamente desenvolvidos pela geração mais jovem foram subvertidos para servir os objectivos de transmissão do ensino superior. Estas mudanças estruturais na transmissão do ensino superior acrescentam uma ferramenta poderosa ao arsenal de meios disponíveis que os educadores podem utilizar para tornar a transmissão mais eficiente, pessoal e culturalmente aceitável para aqueles que foram os pioneiros destes novos modos de transmissão de texto [25]. Estas mudanças fundamentais colocam novos problemas aos designers. Que novos paradigmas e significados de conceção podem ser atribuídos à utilização da tecnologia móvel? Como podemos apreciar todo o seu significado no contexto da teoria tradicional da conceção pedagógica? Antes do desenvolvimento de novas formas de informação e de tecnologia informática, como os actuais telemóveis "inteligentes", os paradigmas de conceção através dos quais se entendia a prestação do ensino superior permaneciam essencialmente estáticos. O extraordinário potencial inerente aos dispositivos móveis antecipa mudanças radicais na própria estrutura das dinâmicas educativas, especialmente na forma como as pessoas interagem umas com as outras na sociedade. O tipo de aprendizagem informal através da utilização de dispositivos móveis torna-os um instrumento de comunicação educativa ainda mais potente do que as formas e os modos habituais da educação tradicional. Estas mudanças revolucionárias desenvolveram-se a partir do significado imprevisto da vida social humana, geralmente mais "móvel", criativa e oportunista, do que os modos formais da educação tradicional". [18]

2.9 Sarah Kessler sobre como melhorar a educação através da tecnologia

Sarah Kessler [26] estabeleceu oito formas de melhorar a educação através da aplicação de várias tecnologias:

1) Melhores simulações e modelação: A principal questão aqui levantada é o desenvolvimento de software gratuito e de código aberto que os professores possam utilizar para modelar conceitos. Por exemplo, o desenvolvimento de software que ajude os alunos na experimentação de estufas virtuais para que possam compreender a evolução.
2) Aprendizagem global: A utilização de esquemas de colaboração, como a videoconferência ou as redes sociais, como ferramentas para auxiliar a aquisição de conhecimentos de professores ou outras pessoas em diferentes partes do mundo.
3) Manipulativo virtual: A utilização de sítios manipulativos virtuais onde os alunos podem brincar com a ideia de número e com o significado dos números.
4) Sondas e sensores: Os dados em tempo real podem ser recolhidos através de sondas e sensores. Têm uma vasta gama de aplicações educativas. O ponto de orvalho pode ser calculado com sensores de temperatura, o pH com sondas de pH, as alterações químicas na fotossíntese com sensores de pH e nitrato.
5) Avaliação mais eficaz: Os dados de avaliação em tempo real podem ser obtidos dos alunos com a ajuda de aplicações tecnológicas.
6) Narração de histórias e multimédia: argumentou que pedir às crianças que

aprendam através de projectos multimédia é uma excelente forma de aprendizagem baseada em projectos que ensina o trabalho em equipa. É também uma boa forma de motivar os alunos que estão entusiasmados por criar algo que os seus colegas irão ver, acrescentou.

7) Livros electrónicos: Os manuais escolares electrónicos, geralmente em formato PDF, podem ajudar na educação e reduzir o stress de transportar muitos manuais escolares.
8) Jogos epistémicos: São jogos que colocam os alunos no papel de planeadores urbanos, jornalistas ou engenheiros e os ajudam a resolver problemas do mundo real. Através destes jogos, podem ser aprendidas formas fundamentais de pensar.

2.10 Augustus, M.E [15] sobre "Sistemas 4G e Educação"

O desenvolvimento técnico das redes sem fios e a sua penetração explosiva em praticamente todas as regiões do mundo criaram oportunidades nunca antes disponíveis para explorar as aplicações dos dispositivos de comunicação em contextos sociais, culturais, económicos e educativos. Muito se conseguiu neste domínio com a infraestrutura 3G. No entanto, o desempenho das 3G é insuficiente para satisfazer as exigências das futuras aplicações de elevado desempenho. Isto cria a necessidade de uma tecnologia de comunicação sem fios que alargue as capacidades da 3G.
O quadro 4G destina-se a complementar e a substituir os sistemas 3G. A ideia é resolver o problema dos sistemas 3G e fornecer uma vasta gama de novos serviços. Este facto sugere que o quadro 4G não é uma mudança radical em relação às tecnologias anteriores, mas sim o produto de um processo incremental de decência com modificações. A nova tecnologia incorpora algumas caraterísticas da norma 3G. O fator de diferenciação entre a 3G e a 4G é que a 4G oferece débitos mais elevados (da ordem dos 100 Mbps em comparação com os 3 Mbps de pico da 3G) e uma melhor qualidade de serviço e segurança. Estas e outras caraterísticas do 4G facilitam a aprendizagem e melhoram o desempenho em ambientes educativos.

Caraterísticas 4G: Perspetiva de ensino

A tecnologia 4G é descrita como MAGIC - Mobile multimedia, Anytime anywhere, Global mobility support, Integrated wireless solution, and Customized personal service. Este destaca as principais caraterísticas das tecnologias 4G. Como é que estas se aplicam à educação?

Elevada capacidade de utilização em qualquer altura, em qualquer lugar e com qualquer tecnologia: A utilização de sistemas 4G permite o acesso a uma enorme quantidade de informações e serviços a partir de qualquer lugar e em qualquer altura. A facilidade de acesso a estas informações é conseguida através de uma maior largura de banda e de taxas de transmissão de dados mais elevadas que permitem aos utilizadores, em qualquer altura e em qualquer lugar, utilizar vídeos de alta definição, funcionalidades de videoconferência dos dispositivos móveis e receber um grande volume de informações, dados, imagens e muito mais.

Esta caraterística é extremamente necessária no ensino à distância. O termo "ensino à distância" refere-se a uma forma de ensino e formação em que os estudantes estão afastados da instituição e raramente, ou nunca, assistem a sessões de ensino formal. O ensino à distância é ministrado através da utilização de vários recursos de aprendizagem e apoiado por professores que utilizam uma variedade de tecnologias de comunicação.

São utilizadas tecnologias educativas multimédia, como CD-ROM, aplicações e actividades na Internet, rádio, televisão, materiais vídeo, telepresença, aparelhos de fax e computadores. Com os dispositivos sem fios 4G, o ensino à distância terá uma grande vantagem, uma vez que os estudantes, em qualquer parte do mundo, poderão ligar-se e obter informações em tempo real a partir de aulas ao vivo ministradas através de esquemas de colaboração móvel, como a videoconferência, a telepresença, a audioconferência/comunicações, etc. Os alunos podem, de facto, receber transmissões televisivas de alta definição nos seus dispositivos móveis através da televisão móvel sem problemas - sem interrupções visíveis. O objetivo académico do construtivismo social pode ser alcançado no ensino à distância com a utilização de dispositivos sem fios 4G, que dão aos estudantes acesso a chamadas de vídeo móveis ou a conversação, comunicações áudio e sítios de redes sociais, em movimento. Os sítios de redes sociais proporcionam uma via para os alunos interagirem de forma assíncrona e independente do local, permitindo que os alunos se tornem uma comunidade de aprendentes. Com os dispositivos 4G, é possível aceder a estas funcionalidades a qualquer momento, a partir de qualquer ponto do globo.

Suporte de serviços multimédia a baixo custo de transmissão: O acesso móvel a estes serviços multimédia digitais ricos fornecidos pela tecnologia 4G é ou será conseguido a um custo/bit mais baixo. Isto reduz o fator económico na utilização da infraestrutura, tanto para professores como para alunos.

Mobilidade global sem descontinuidades: Espera-se que a tecnologia 4G forneça uma banda larga móvel totalmente baseada em IP a dispositivos celulares e modems sem fios. A banda larga totalmente baseada em IP (um conjunto de várias redes que utilizam o protocolo Internet - IP, como protocolo comum) garante que os servidores móveis podem ser contactados desde que se encontrem dentro da área de cobertura de qualquer servidor. Isto favorece a mobilidade e a navegação entre tecnologias sem interrupções perceptíveis. Assim, uma sessão educativa não é interrompida no caso de um estudante com um terminal móvel se deslocar de uma área de cobertura de estação de base para outra, devido às transferências suaves e rápidas entre tecnologias de acesso, como ad-hoc, redes com fios, LAN sem fios ou redes celulares. Consequentemente, vários processos de ensino/aprendizagem podem ser efectuados sem interrupções.

Serviços integrados: No seu artigo intitulado "4G Features", Jawad Ibrahim [13], um engenheiro de RF que, à data da publicação do artigo, trabalhava no Departamento de Design da Bechtel Telecommunications, afirmou que "as caraterísticas dos sistemas 4G podem ser resumidas numa palavra - integração". Ele expressou o facto de que "os sistemas 4G consistem na integração perfeita de terminais, redes e aplicações para satisfazer as crescentes exigências dos utilizadores".

Para além da mobilidade sem descontinuidades, a 4G proporciona uma interoperabilidade flexível dos vários tipos de redes sem fios existentes, como as redes por satélite, as redes celulares sem fios, as WLAN, as PAN e os sistemas de acesso a redes fixas sem fios [17]. A 4G oferece uma perspetiva integrada abrangente - integração com as tecnologias móveis existentes através de tecnologias avançadas que garantem a natureza altamente dinâmica e a adaptabilidade dos terminais e das aplicações. Esta caraterística favorece significativamente a aprendizagem móvel, na medida em que reduz a limitação do local de aprendizagem com a mobilidade dos dispositivos portáteis em geral. No contexto educativo, estes dispositivos móveis podem ser utilizados para realizar os seguintes objectivos

a) Oferecer educação/aprendizagem
b) Promover a comunicação/colaboração
c) Efetuar avaliações
d) Fornecer acesso a apoio/conhecimento sobre o desempenho
e) Capturar provas das actividades de aprendizagem.

Informação personalizada/localizada: Os serviços no quadro 4G são fornecidos e disponibilizados de acordo com as preferências pessoais dos utilizadores, com um elevado nível de segurança, e apoiam o tráfego dos utilizadores, a interface aérea, o ambiente de rádio e a qualidade dos serviços. Os serviços e aplicações de informação personalizados/localizados, no que diz respeito a um ambiente educativo, podem fornecer aos estudantes notícias sobre questões educativas com base no perfil armazenado pelo utilizador, que define o modo como a aplicação deve agir em relação aos serviços educativos disponíveis.

2.11 Elementos de uma estrutura abrangente de M-Learning (aprendizagem móvel)

Uma das principais possibilidades de 4G do ponto de vista educativo é a aprendizagem móvel. A aprendizagem móvel, no entanto, refere-se a um processo de aprendizagem vivido quando o aluno não se encontra num local fixo pré-determinado ou a uma aprendizagem que ocorre quando o aluno tira partido das oportunidades de aprendizagem oferecidas pelas tecnologias móveis, tais como computadores de mão, computadores portáteis e dispositivos móveis. No desenvolvimento de um quadro de aprendizagem móvel, entram facilmente em jogo os seguintes elementos [15]:

• A capacidade de comunicação imediata: A disponibilização de uma comunicação síncrona entre tutores e estudantes está prontamente disponível. Esta capacidade de comunicação, sob a forma de mensagens de voz ou de texto, vídeo móvel e ligação à Internet, proporciona o acesso necessário e estabelece redes sociais com o potencial de apoiar o processo de aprendizagem através de interações com professores e alunos, familiares e amigos relativamente a questões académicas ou da vida quotidiana.

• Limitações do tamanho das mensagens: Os dispositivos móveis têm capacidades de processamento limitadas em comparação com os computadores portáteis ou outros computadores. Esta limitação associada ao tamanho do ecrã restringe o tipo de conteúdo a instalar e gerir pelos dispositivos. Este facto deve ser tido em devida consideração.

• Gestão do contexto: O contexto é um fator-chave associado à aprendizagem. Os alunos e os professores podem experimentar e relacionar-se com diferentes tipos de informação quando se deslocam durante uma viagem ou no caminho para a escola ou para casa. A gestão e compreensão das interações e interatividade com os contextos que utilizam a tecnologia móvel tornam-se cruciais para estabelecer uma estrutura relevante para a aprendizagem móvel. A personalização do contexto é outro fator importante a considerar.

• Espontaneidade: A portabilidade e a acessibilidade dos telefones inteligentes proporcionam uma oportunidade imediata de comunicar com outras pessoas ou de estabelecer uma rede social para resolver uma necessidade académica específica. Será importante identificar quais as aplicações pertinentes para tirar o máximo partido desta capacidade.

• Aprendizagem informal: A utilização de dispositivos móveis em ambientes académicos não tradicionais com recurso a aplicações de aprendizagem móvel oferece oportunidades para experiências de aprendizagem informal. Existem muitos projectos-piloto em todo o mundo que exploraram as vantagens tecnológicas da aprendizagem móvel em contextos informais. Estes projectos criaram uma plataforma importante para identificar os principais desafios envolvidos no desenvolvimento de aplicações relevantes de m-learning em diferentes ambientes académicos.

• Competências tecnológicas: Para tirar partido de todas as potencialidades dos dispositivos móveis, é importante que os alunos e os professores estejam informados e compreendam as suas principais capacidades, funções e aplicações. O contacto frequente dos professores e dos alunos com os dispositivos móveis permite o desenvolvimento de competências para os utilizar corretamente. Os professores que possam experimentar a "divisão móvel" talvez rejeitem a utilização da tecnologia móvel e enfrentarão desafios significativos para adotar ou participar em esforços educativos centrados em conceitos de aprendizagem móvel.

CAPÍTULO 3

METODOLOGIA

3.1 Considerações sobre a conceção de sistemas M-Learning

O M-learning consiste simplesmente em aprender com dispositivos móveis. Isto significa que os estudantes têm acesso a materiais/sessões educativas nos seus dispositivos móveis em qualquer lugar e a qualquer momento. O M-learning é colaborativo. Todos os utilizadores de um sistema de aprendizagem móvel podem partilhar informação quase instantaneamente utilizando o mesmo conteúdo, o que leva à receção de feedback e sugestões instantâneas. Ao desenvolver sistemas de aprendizagem móvel, é necessário prestar a devida atenção às seguintes considerações.

3.1.1 Objectivos da conceção

- Motivação dos alunos: concebido para motivar os alunos nos seus vários processos de aprendizagem
- Servir como um instrumento eficaz no ensino à distância para a transmissão de informações
- Promoção do desenvolvimento de processos de aprendizagem personalizados e flexíveis
- Reduzir a dificuldade sentida pelos alunos no acesso a informação personalizada
- Fornecer feedback imediato aos alunos sobre os seus desempenhos e explicações sobre as respostas corretas
- Entrega de material didático
- Efetuar avaliações e recolhas de provas das actividades de aprendizagem
- Proporcionar uma comunicação e colaboração mais rápidas
- Disponibilizar uma plataforma para interações instantâneas dos estudantes que utilizam o sistema a partir de qualquer lugar e a qualquer momento
- Fornecer uma base de dados para guardar e acompanhar os registos dos alunos e as actividades académicas
- Garantir a segurança adequada dos conteúdos, a segurança dos dados dos estudantes e eliminar os problemas comuns de pirataria e pirataria informática

3.1.2 Princípios de conceção

❖ É visualmente simulativo, flexível e fácil de utilizar

❖ Diversificação das actividades de aprendizagem. Proporcionar uma abordagem mista à aprendizagem, em que os alunos podem aprender através de diferentes métodos e em diferentes formatos

❖ Interfaces de utilizador muito interactivas e bem concebidas

❖ Promove o envolvimento entre o aluno e o conteúdo da aula

❖ Desenvolve e mantém o interesse do utilizador,

❖ Facilita a navegação nas aulas e o acesso aos conteúdos de aprendizagem

❖ Ajuda o aluno a encontrar e organizar informações

❖ Segmentações de conceção adequadas

❖ Segurança adequada da plataforma

❖ Criar espaço para o desenvolvimento incremental. Isto implica que o quadro deve ser de natureza emergente (deve ser uma tecnologia emergente).

3.2 Benefícios do M-Learning

A Wikipedia [27] propôs os seguintes benefícios da aprendizagem móvel. Estes benefícios aplicam-se a qualquer esquema/abordagem de m-learning.

- Oportunidades relativamente baratas, uma vez que o custo dos dispositivos móveis é significativamente inferior ao dos PCs e computadores portáteis
- Opções de entrega e criação de conteúdos multimédia
- Apoio à aprendizagem contínua e situada
- Diminuição dos custos de formação
- Uma experiência de aprendizagem potencialmente mais gratificante

3.3 Tecnologias M-Learning

✓ Leitores portáteis de MP3 e MP4,

✓ Portáteis e computadores portáteis

✓ Telemóveis (telemóveis com câmara) e Smartphones com capacidades Wi-Fi

✓ Comprimidos

3.4 Arquitetura de design/estrutura

Os materiais didácticos/metodologia para os sistemas de aprendizagem móvel propostos na plataforma 4G podem assumir a forma de livros electrónicos, gravações áudio e vídeo, acesso a sessões de discussão em streaming, acesso a emissões de rádio, sessões educativas em televisão de alta definição, comunicação (entre estudantes e professores) através de SMS (serviços de mensagens curtas), correio eletrónico, sítios de redes sociais, blogues móveis, videoconferências e audioconferências, sistemas móveis de colaboração, etc. Estas caraterísticas promoverão a aprendizagem independente de cada estudante; um grupo de estudantes pode também comunicar e trocar ideias através de debates em grupo; e um tutor pode também comunicar com todos os estudantes ou através de um sistema de colaboração móvel recebido nos seus dispositivos móveis. Os alunos podem também fazer avaliações em linha e ter acesso às suas notas através dos seus dispositivos móveis.

Figura 3: Enquadramento do M-Learning

Basicamente, com o esquema de m-learning, os utilizadores (estudantes e professores) devem ser capazes de

- ✓ Descarregar, armazenar, apresentar texto
- ✓ Descarregar, armazenar e apresentar imagens
- ✓ Descarregar, armazenar, reproduzir áudio
- ✓ Descarregar, armazenar, reproduzir vídeo
- ✓ Descarregar, armazenar, jogar jogos e simulações
- ✓ Descarregar, armazenar e reproduzir imagens, áudio e livros electrónicos com vídeo
- ✓ Gravar, armazenar, partilhar áudio, vídeo, texto, imagens
- ✓ Receber e partilhar mensagens instantâneas (texto, imagem, vídeo)
- ✓ Fazer chamadas telefónicas
- ✓ Registar, armazenar, processar e partilhar dados (GPS, imagens, temperaturas, pressão, etc.)
- ✓ Editar, modificar, alterar texto e imagens partilhados

O dispositivo móvel do aluno comunicará com o sistema de aprendizagem móvel utilizando:

- ✓ Redes sem fios que são implementadas pelas empresas de telecomunicações: empresas de telecomunicações móveis no país. Ligações de dados de operadoras móveis em 4G que permitem ligações permanentes em áreas cobertas por uma operadora móvel; estes serviços implicam custos suplementares para os utilizadores mas, em muitos casos, os estudantes beneficiam de diferentes programas de promoção que reduzem o custo ou oferecem uma transferência limitada com o serviço de voz; permite a ligação e o acesso a serviços de aprendizagem móvel em praticamente qualquer lugar, em locais onde as redes convencionais não estão disponíveis; tendo em conta o impacto dos custos que está diretamente relacionado com a quantidade de dados transferidos, os criadores de aplicações de aprendizagem móvel devem concentrar-se, em primeiro lugar, na redução desta dimensão.

Apesar do facto de o processo de m-learning não estar totalmente definido e estar em contínuo desenvolvimento, existem categorias de aplicações que devem ser implementadas e utilizadas:

- ✓ Aplicações autónomas que fornecem serviços autónomos ou comunicam com o sistema utilizando tecnologias WAP ou Socket; dependendo do sistema operativo do dispositivo, estas aplicações são desenvolvidas em Java ou em .NET Compact Framework;
- ✓ Navegação na Web utilizando tecnologias 4G; permite o acesso a recursos em linha como cursos, bibliografia sugerida, apresentações multimédia; tendo em conta a largura de banda da ligação, a quantidade de dados transferidos e o ecrã do dispositivo, o conteúdo da Web deve ajustar o seu tamanho e qualidade de forma dinâmica; os criadores devem definir como objetivo um nível ótimo para o equilíbrio qualidade-custo;
- ✓ Os serviços de alerta por SMS devem ser fornecidos pela operadora móvel a pedido do fornecedor de m-learning; esta solução é muito económica e tem um grande impacto na comunicação; como todos os estudantes têm um dispositivo móvel utilizado também para comunicação vocal, este tipo de aplicação tem uma cobertura total sobre os seus utilizadores; além disso, este serviço tem um tempo mínimo de comunicação de dados;
- ✓ Serviços IVR (Interactive Voice Response) que oferecem apoio ou informações úteis aos utilizadores que utilizam tecnologias de comunicação vocal; podem ser considerados uma alternativa às soluções baseadas na Web;
- ✓ Os serviços de correio eletrónico para dispositivos móveis tornaram-se possíveis, uma vez que muitos Smartphones e PDAs vêm com clientes de correio eletrónico POP3 que utilizam qualquer ligação de dados disponível para recuperar mensagens de correio eletrónico do servidor;
- ✓ PushToEmail é um serviço que será oferecido pelo fornecedor de m-learning com a operadora móvel; esta aplicação permite a transferência de correio eletrónico utilizando a rede da operadora móvel; inicialmente a tecnologia foi introduzida por
- ✓ Os dispositivos Blackberry, mas nos últimos tempos muitos fornecedores implementaram esta funcionalidade nos seus dispositivos móveis;
- ✓ Partilha em linha de dados ou de conteúdos multimédia; os recursos partilhados podem ser carregados ou acedidos através da aplicação.

- ✓ Uma aplicação baseada na Web que exige que os alunos interajam com ela sobre um tópico específico; esta aplicação implementa uma atividade orientada para o inquérito e permite que os alunos acedam a recursos e carreguem dados.

CAPÍTULO 4

IMPLEMENTAÇÃO

4.15 Requisitos de hardware do sistema

Os dispositivos móveis que podem ser utilizados para a infraestrutura de aprendizagem devem ter os seguintes componentes de hardware. Estes são os componentes mínimos de hardware para esses dispositivos. São os requisitos básicos de hardware para telemóveis 4G e outros dispositivos móveis no âmbito da rede 4G.

- ✓ CPU: Velocidade do processador de 1 GHz ou superior
- ✓ Memória: 512 MB de RAM e superior
- ✓ Armazenamento amovível: 4GD microSD e superior
- ✓ Entradas de dados: Ecrã tátil multi-toque, Light Pen, Joy Stick Câmara 1,3 mp, mínimo
- ✓ Cabo USB para ligar e transferir dados entre dispositivos móveis e um computador local
- ✓ Componentes de hardware Bluetooth para dispositivos compatíveis
- ✓ Portas de dados por infravermelhos para dispositivos móveis com capacidades de infravermelhos

4.2 Requisitos de software do sistema

Os requisitos básicos de software para os dispositivos a utilizar são os seguintes

- ✓ Leitor de livros electrónicos, Acrobat Reader para documentos PDF
- ✓ Android OS (Sistema Operativo), Blackberry OS, Windows OS
- ✓ Navegadores Web
- ✓ Tecnologias Bluetooth que permitem a comunicação entre dispositivos móveis, a transferência de dados e o acesso a diferentes recursos, como impressoras partilhadas e outros dispositivos compatíveis com Bluetooth
- ✓ Transferência de dados por infravermelhos entre dispositivos móveis que incorporam uma porta IR
- ✓ Capacidades Wi-Fi
- ✓ Rádio FM

- ✓ Leitores multimédia de áudio e vídeo
- ✓ Aplicações móveis que permitirão a receção de emissões de rádio e televisão a partir de qualquer parte do mundo

4.3 Procedimentos de aplicação

A implementação da infraestrutura proposta começa com o desenvolvimento de um sítio Web funcional com todas as funcionalidades necessárias, a partir do qual podem ser descarregadas as aplicações móveis desenvolvidas para a distribuição de conteúdos. Sharples [28] propôs que os requisitos gerais para as tecnologias de apoio à aprendizagem contextual ao longo da vida são os seguintes

- ✓ altamente portáteis, para que possam estar disponíveis onde quer que o utilizador precise de aprender;
- ✓ individual, adaptando-se às capacidades, conhecimentos e estilos de aprendizagem do aprendente e concebido para apoiar a aprendizagem pessoal, em vez do trabalho de escritório geral;
- ✓ discreta, para que o aprendente possa captar situações e recuperar conhecimentos sem que a tecnologia se intrometa na situação;
- ✓ disponível em qualquer lugar, para permitir a comunicação com professores, especialistas e colegas;
- ✓ adaptáveis ao contexto da aprendizagem e à evolução das competências e dos conhecimentos do aprendente;
- ✓ persistente, para gerir a aprendizagem ao longo da vida, de modo a que a acumulação pessoal de recursos e conhecimentos do aprendente esteja imediatamente acessível, apesar das mudanças tecnológicas;
- ✓ úteis, adaptados às necessidades quotidianas de comunicação, referência, trabalho e aprendizagem;
- ✓ fácil de utilizar por pessoas sem experiência prévia com a tecnologia.

Estes requisitos constituem os condicionalismos iniciais para a implementação de uma tecnologia de aprendizagem móvel. O requisito de uma portabilidade elevada significa que a implementação da tecnologia/aplicações para a aprendizagem móvel deve ser leve e capaz de ser transportada e operada em movimento por dispositivos móveis. A tecnologia deve ser capaz de captar sons e imagens e de comunicar.

O requisito de ser altamente portátil e estar disponível em qualquer lugar indica uma comunicação sem fios, quer através de um telefone celular ou de uma rede local sem fios (LAN).

Para se adaptar à evolução das competências e dos conhecimentos de um aprendente, o sistema deve ser capaz de manter um perfil ou modelo do aprendente que possa determinar a forma como o conhecimento acumulado e o material de aprendizagem são armazenados e depois apresentados ao aprendente em novos contextos. Isto representa um grande desafio de investigação. A maioria das tentativas de desenvolvimento de modelos informáticos dos conhecimentos de um aprendente concentrou-se em áreas temáticas específicas e na aprendizagem durante um curto período de tempo. Uma ajuda ao longo da vida deve ser capaz de detetar, modelizar e apoiar tais reorganizações do conhecimento, ou fornecer ferramentas ao aprendente para gerir este processo.

Por último, para que o sistema seja útil e fácil de utilizar, a tecnologia deve apresentar uma imagem de sistema adequada e intuitiva. A imagem do sistema é a combinação da conceção do produto, da interface e da conceção da interação que esconde a complexidade da programação interna e apresenta um produto que corresponde às tarefas e à compreensão do utilizador.

CAPÍTULO 5

AVALIAÇÃO, CONCLUSÃO E RECOMENDAÇÕES

5.1 Avaliação

Para avaliar o estudo, faço referência aos conceitos propostos por [29] e [24], que apresentam uma avaliação correta do m-learning integrado com capacidades 4G. O m-learning é o futuro da educação. O m-learning integrado numa plataforma 4G proporciona o melhor método de aprendizagem, não só para o ensino aberto e à distância, mas também para o modo de aprendizagem convencional orientado para a sala de aula, de modo a tornar a aprendizagem mais excitante e interactiva. No entanto, de acordo com Libin He, Chengling Zhao [30], "o modelo de aprendizagem baseado na tecnologia móvel 4G será o surgimento de um forte impulso para as comunicações móveis e a integração da Internet e das comunicações móveis e da educação combinadas para fazer pleno uso dos recursos educativos, melhorar a aprendizagem das pessoas... Este tipo de aprendizagem móvel também tem as seguintes caraterísticas: incorporado na portabilidade, eficiência e individual, de baixo custo".

Portabilidade: Os aprendentes podem controlar o seu próprio tempo de aprendizagem com dispositivos móveis portáteis, através do acesso a voz, vídeo, dados e outras informações durante o seu estudo, e fazer intercâmbios entre si em tempo disperso ("tempo disperso" implica o acesso à informação e à comunicação por parte dos aprendentes a qualquer hora e em qualquer lugar: em casa, na estrada, no escritório, etc., sem estarem limitados a períodos específicos, como acontece no modo de aprendizagem em sala de aula). No sistema de ensino aberto e à distância, presume-se que a maioria dos estudantes tem emprego. A aprendizagem móvel é mais útil para eles, porque já não estão limitados a uma hora específica, a um local específico para aprender, mas podem organizar melhor a sua vida, o seu estudo e o seu trabalho.

Eficiência: as tecnologias 4G proporcionam aos alunos redes inteligentes. Os alunos podem trocar ideias em tempo útil com outros alunos na Internet; podem estudar e debater. Desta forma, podemos aumentar rapidamente a eficiência da aprendizagem dos alunos.

Individualização: A defesa da educação moderna opta pela aprendizagem personalizada; neste caso, os alunos podem estar de acordo com as suas próprias condições e necessidades reais, dominar os processos de aprendizagem e alinhar-se com o conteúdo da aprendizagem. A aprendizagem móvel fornece um sistema para os auto-aprendentes desenvolverem o espaço e a plataforma de aprendizagem.

Baixo custo: Com a conetividade sem fios a qualquer hora e em qualquer lugar, a comunicação tornou-se flexível e fácil. A utilização da LAN sem fios pode evitar os elevados custos de instalação de cabos. Nas universidades, mais de 90 por cento dos estudantes têm telemóveis, pelo que as escolas não precisam de investir fortemente em equipamentos com fios para os estudantes. Os sistemas sem fios permitem reduzir os custos de comunicação.

Uma análise de 12 estudos de casos internacionais em [29] revela que as razões apresentadas para a utilização de tecnologias móveis no ensino e na aprendizagem estão principalmente relacionadas com a melhoria do acesso, a exploração de mudanças no ensino e na aprendizagem e o alinhamento com objectivos institucionais ou empresariais, como ilustrado por estes exemplos:

Acesso:

- ✓ Melhorar o acesso à avaliação, aos materiais didácticos e aos recursos de aprendizagem
- ✓ Aumentar a flexibilidade da aprendizagem dos estudantes
- ✓ Cumprimento da legislação relativa às necessidades educativas especiais e à deficiência

Mudanças no ensino e na aprendizagem:

- ✓ Explorar o potencial da aprendizagem em colaboração, para aumentar a apreciação dos alunos sobre o seu próprio processo de aprendizagem e para a consolidação da aprendizagem
- ✓ Orientar os alunos para que vejam uma matéria de forma diferente da que teriam visto sem a utilização de dispositivos móveis
- ✓ Identificar as necessidades dos alunos em termos de conhecimentos just-in-time
- ✓ Analisar se as funcionalidades de gestão do tempo e das tarefas dos dispositivos móveis podem ajudar os estudantes a gerir os seus estudos

- ✓ Reduzir as barreiras culturais e de comunicação entre o pessoal e os estudantes, utilizando canais que os estudantes gostam
- ✓ Querer saber de que forma a tecnologia sem fios/móvel altera as atitudes, os padrões de estudo e a atividade de comunicação dos estudantes

Alinhamento com os objectivos institucionais ou empresariais:

- ✓ Disponibilizar a aprendizagem sem fios, móvel e interactiva a todos os alunos sem incorrer em despesas com hardware dispendioso
- ✓ Fornecer comunicações, informação e formação a um grande número de pessoas, independentemente da sua localização
- ✓ Integrar as tecnologias móveis nas infra-estruturas de aprendizagem eletrónica para melhorar a interatividade e a conetividade para o aprendente
- ✓ Tirar partido da atual proliferação de serviços de telefonia móvel e dos seus numerosos utilizadores.

Uma análise dos 27 projectos documentados nas actas do MLEARN 2003 [24] revela uma distribuição semelhante dos objectivos, com uma predominância de objectivos que identificam ou visam mudanças no ensino e na aprendizagem:

Acesso:

- ✓ permitir que os alunos consultem a informação sobre a disciplina em qualquer altura e em qualquer lugar
- ✓ tentar garantir que todos os alunos possam aceder aos conteúdos independentemente do canal que escolherem utilizar
- ✓ a utilização de um PDA como tecnologia de assistência
- ✓ assegurar que os alunos da sala de aula beneficiem da experiência de uma visita de estudo efectuada pelos seus pares

Mudanças no ensino e na aprendizagem:

- ✓ individualização:
    - para explorar o potencial da aprendizagem móvel individualizada - material de revisão adaptado às necessidades de cada um;
    - fornecer aos alunos um sistema flexível de consciencialização do contexto que possa reagir às suas necessidades

✓ aprendizagem colaborativa e ativa:

- feedback imediato através de testes interactivos: o utilizador sabe em tempo real se a sua escolha está correta
- ecrãs interactivos que incentivam os visitantes da galeria de arte a reagir à arte exposta
- um conjunto de jogos, materiais e actividades inovadores que motivarão os jovens aprendentes relutantes
- um portal móvel de fácil utilização, potente e capacitante, que incentiva a participação ativa dos seus utilizadores
- reforçar a interatividade e a cooperação, preservando simultaneamente as vantagens tradicionais dos encontros presenciais

✓ aprendizagem informal com múltiplos meios de comunicação:

- investigar de que forma os vídeos autoproduzidos, realizados com uma câmara de vídeo digital e posteriormente visualizados em computadores móveis de mão, podem apoiar a aprendizagem informal
- fornecer imagens de vídeo e fixas que forneçam um contexto adicional para as obras expostas na galeria de arte, oportunidades para ouvir um perito falar sobre pormenores de uma obra, com os pormenores simultaneamente realçados no ecrã
- melhorar a apresentação áudio de um guia multimédia de um museu, utilizando o ecrã do PDA para percorrer um fresco e identificar os seus diferentes pormenores
- utilizar a tecnologia vocal para fornecer conteúdos multimédia ricos ao utilizador

✓ mudança cognitiva e comportamental:

- explorar como os conceitos de conhecimento dos alunos dependentes do contexto são
- avaliar a fragmentação na aprendizagem móvel com base nas abordagens profundas e superficiais dos alunos à aprendizagem
- para captar os pensamentos, opiniões e comportamentos dos alunos num

ambiente de aprendizagem móvel

Alinhamento com os objectivos institucionais ou empresariais:

- manter-se na vanguarda da tecnologia educativa, ajudando a moldar uma nova geração de visitas multimédia em galerias de arte
- investigar se um conjunto integrado de ferramentas de aprendizagem seria útil, que ferramentas seriam adoptadas e os contextos em que as ferramentas seriam utilizadas
- desenvolvimento de um modelo de serviço e de novos conceitos de componentes para a aprendizagem móvel ao longo da vida

5.2 Conclusão

A aplicação da tecnologia 4G, com todas as suas promessas impressionantes, no contexto da aprendizagem móvel é o melhor para o nosso sistema educativo num mundo dinâmico como o nosso. As possibilidades abrangem uma vasta gama, limitada apenas pela imaginação dos criadores e pelas necessidades dos utilizadores. O mundo não se pode dar ao luxo de voltar atrás em relação a esta infraestrutura. A sua plena implementação (implementação rigorosa com base nas especificações da UIT) deve ser o objetivo de todos os que trabalham em várias instituições de ensino, mais especialmente no ensino móvel e no ensino à distância. Deste modo, será possível colmatar o fosso criado pelo tempo e pelo espaço nos processos de aprendizagem a todos os níveis de ensino. Até à data, os conteúdos para entretenimento e comunicação captam a atenção dos estudantes em todo o mundo. Com o esquema de aprendizagem móvel integrado com caraterísticas e capacidades 4G, os estudantes estarão mais dispostos a estudar, promovendo assim a realização dos objectivos educativos. São necessários mais conteúdos educativos com adoção e usabilidade adequadas a ambientes de aprendizagem específicos.

5.3 Recomendações

i .) A produção de aplicações/esquemas de aprendizagem móvel que possam ser utilizados no quadro 4G, para fins didácticos e pedagógicos, deve ser altamente incentivada.

ii .) Os processos de ensino e de aprendizagem devem ser reforçados através da disponibilização de dispositivos 4G, incentivando assim a aprendizagem móvel nas actividades educativas.

iii .) As empresas multinacionais e os filantropos devem ser encorajados a fornecer ferramentas TIC compatíveis com o quadro 4G nas instituições de ensino superior, como forma de facilitar os objectivos de aprendizagem, melhorar a literacia em TIC e as competências informáticas dos jovens que procuram emprego.

iv .) É urgente dar orientações sérias sobre a relevância da infraestrutura 4G na educação e formar em massa tutores, estudantes e profissionais da educação para a utilização de dispositivos 4G.

v .) As tecnologias educativas, como as infra-estruturas 4G e as infra-estruturas de aprendizagem móvel, são urgentemente necessárias para reforçar as actividades de ensino aberto e à distância, de modo a torná-lo o principal método educativo no país.

CAPÍTULO 6

REFERÊNCIAS

[1] Prateek, (2010). Sistema de comunicação celular de quarta geração 4G. [Em linha] Disponível: http://epublish.in/general/ 4g-4thgeneration- cellular-communication - system.

[2] Frattasi ,S; Fathi, H; Fitzek, F.H.P e Prasad, R (2006). Defining 4G Technology from the User's Perspective, Universidade de Aalborg, Dinamarca

[3] Jegede, O. (2009). Manual do Estudante da NOUN, 2008/2009 (Lagos: Gabinete do Reitor, Universidade Nacional Aberta da Nigéria)

[4] Onwe, O. J (2013). Políticas e práticas de modelos de ensino aberto e à distância nos países da África Subsariana: A Literature Survey. Revista Internacional Americana de Investigação Contemporânea Escola de Ciências de Gestão. Universidade Nacional Aberta da Nigéria Ahmadu Bello Way, Victoria Island Lagos, Nigéria

[5] Burge (1993). Adult Distance Learning; Challenges For Contemporary Practice. In, Thelma Barerstein e James A. Draper (Eds); The Craft of Teaching Adults Toronto, [Online] Disponível: http://www.vidaho.edulo/dis2.html

[6] Mujibul (2008). Tecnologias de ensino à distância na educação. New Dehlhi. APFI Publishing Corporation.

[7] Obioha, M. F e Ndidi, U, B (2010). Problemas administrativos do ensino aberto e à distância na Nigéria: Um estudo de caso da Universidade Nacional Aberta da Nigéria. Universidade Federal de Tecnologia, Owerri, Nigéria

[8] Boyinbode O. K. e Akinyede R. O. (2008). Aprendizagem móvel: An Application of Mobile and Wireless Technologies in Nigerian Learning System; IJCSNS International Journal of Computer Science and Network Security, Vol.8 No.11 Department Of Computer Science, Federal University of Technology Akure, Nigéria

[9] Attewell (2005). Da investigação e desenvolvimento à aprendizagem móvel: Tools for Education and Training Providers and Their Learners. Actas do mLearn 2005 [Em linha] Disponível: http://www.mlearn.org.za/CD/papers/Attewell.pdf

[10] Shah, I; Shukla, S; Shrotriya, R; Mehta, N; Bakliwal, S e Nirja Mehta (2012). Comparative Study of 4G Technology, Applications and Compatibility in Prevailing Networks International Journal of Electronics Communication and Computer Technology (IJECCT) Volume 2 Issue 6. [Online] Disponível em: http://www.ijecct.org

[11] Bandi, S. (2010). Sistema sem fios 4G. Universidade Tecnológica de Vishveshwaraiah, Belgaum

[12] Cole, A. (2010) Cole, A., (2010). O futuro das tecnologias 4G: New Opportunities and Changing Business Models for the Emergence of LTE and WiMAX. [Online]: Disponível: http://www.m indya.com/ shownews. php?newsid=3340.

[13] Ibrahim, Jawad (2006) Ibrahim, J., (2006). Recursos 4G. [Online]: Disponível: http://www.mindya.com/shownews.php?newsid=2248

[14] Singh, Dara (2010) Singh, D., (2010). Tecnologia 4G. [Online]: Disponível: http://dhillondara.blogspot.com/2010/08/4g refere-se-a-quarta-geracao-de.html.

[15] Augusto, M.E (2011). Tecnologia de comunicação 4G: Perspetiva Educacional. Universidade Nacional Aberta da Nigéria, Ilha Victoria, Lagos, Nigéria

[16] Laxmi, V., Aggarwal, M., e Batra, N. (2007). Cellular System-4G In: Challenges and Opportunities in Information Technology [Online Serial] COIT 2007. [Online]: Disponível: http://www.rimtengg.com/coit2007/ proceedings/ pdfs/ 33.pdf .

[17] Wikipédia, (2011). 4G. [Online]: Disponível: http://en.wikipedia.org/wiki/4G.

[18] El-Hussein, M. O. M., & Cronje, J. C. (2010). Defining Mobile Learning in the Higher Education Landscape Educational Technology & Society, 13 (3), 12-21. Faculdade de Informática e Design, Universidade de Tecnologia da Península do Cabo, Cidade do Cabo, 8000, África do Sul

[19] Traxler, J. (2007). Definindo, Discutindo e Avaliando a Aprendizagem Móvel: The Moving Finger Writes and Having Writ...The International Review in Open and Distance Learning.

[20] Huang, Y.-M., Jeng, Y.-L., & Huang, T.-C. (2009). An Educational Mobile Blogging System for Supporting Collaborative Learning (Um sistema de blogue

móvel educativo para apoiar a aprendizagem colaborativa). Educational Technology & Society, 12 (2), 163-175.

[21] King, J. P. (2006). One Hundred Philosiphers: a Guide to World's Greatest Thinkers (2ª ed.), Reino Unido: Aplle Press.

[22] Järvelä, S., Näykki, P., Laru, J., & Luokkanen, T. (2007). Structuring and Regulating Collaborative Learning in Higher Education (Estruturação e Regulação da Aprendizagem Colaborativa no Ensino Superior). Educational Technology & Society, 10 (4), 71-79.

[23] Alexander, B. (2004). Going nomadic: Mobile learning in higher education. EDUCAUSE Review, 35(5), 29-35.

[24] Attewell, J. & Savill-Smith, C. (2005) Mobile Learning Anytime Everywhere, Londres: Learning and Skills Development Agency.

[25] Fullan, 2007 Fullan, M. (2007). The New Meaning of Educational Change (7ª Ed.), EUA: Teachers College Press.

[26] Sarah Kessler (2010). 8 Ways Technology Is Improving Education [8 maneiras pelas quais a tecnologia está melhorando a educação]. [Online]: Disponível: http://mashable.com/2010/11/22/technology-in- education/ .

[27] Wikipédia (2014). M-learning [Online]: Disponível: http://en.wikipedia.org/ wiki/M-learning

[28] Sharples, M. (2000). A conceção de tecnologias móveis pessoais para a aprendizagem ao longo da vida. Computadores e Educação, 34, 177-193.

[29]Kukulska-Hulme & Traxler (2005). Mobile Learning: a Handbook for Educators and Trainers, EUA: Taylor & Francis.

[30] Libin He, Chengling Zhao (2008). A tecnologia 4G promove a aprendizagem móvel para um novo desenvolvimento. Simpósio internacional de 2008 sobre aquisição e modelação de conhecimentos. Departamento de Tecnologia da Informação da Universidade Normal de HuaZhong, Wuhan, Hubei 430079, China

Printed by Books on Demand GmbH, Norderstedt / Germany

Printed by Books on Demand GmbH, Norderstedt / Germany